AF461168

FERMES-ÉCOLES

FERMES EXPÉRIMENTALES, FERMES-MODÈLES

EXTRAIT DU *Dictionnaire de l'Économie politique.*

1

FERMES-ÉCOLES

FERMES EXPÉRIMENTALES, FERMES-MODÈLES

PAR

M. JULES DE VROIL

Extrait du *Dictionnaire de l'Économie politique.*

PARIS

LIBRAIRIE DE GUILLAUMIN ET Cie

Editeurs du *Dictionnaire de l'Économie politique*,
de la *Collection des principaux Économistes*,
du *Journal des Économistes*, etc.

14, RUE DE RICHELIEU

1852

FERMES-ÉCOLES

FERMES EXPÉRIMENTALES, FERMES-MODÈLES

L'industrie agricole, comme toutes les industries, a suivi dans ses progrès le développement des connaissances humaines. L'intelligence de l'homme a recueilli des faits, groupé des observations qui sont devenus le point de départ de ses premiers et timides essais. Cette base s'est successivement élargie, et, à mesure que les expériences étaient plus nombreuses, l'induction devenait plus sûre, les nouvelles tentatives étaient mieux dirigées et les résultats plus satisfaisants.

En agriculture, la pratique est, on peut le dire, aussi vieille que le monde. Elle a été pendant des siècles, elle est encore, malgré les rapides progrès de la science moderne, le seul enseignement solide, et c'est à cet enseignement et au développement de la civilisation et de la richesse que revient tout l'honneur des progrès réalisés jusqu'à ces derniers temps.

Comme science proprement dite, l'agriculture n'existe pas ; elle n'est que l'application des principes scientifiques. Comme toutes les autres industries, elle est fondée sur l'expérience et la méthode d'observation, et elle existe indépendamment même des découvertes de la science. Cependant, par la loi qui régit le progrès en toute chose, elle était portée, à mesure que la science grandissait, à prendre part à toutes ses investigations et à s'efforcer d'utiliser chacune de ses découvertes. De sorte que, si l'on veut maintenant faire entrer dans l'enseignement de l'agriculture la démonstration de toutes les sciences auxquelles elle doit successivement s'adresser, l'on aura à professer la science universelle. La science agricole, en effet, si la rigueur du langage scientifique permettait de se servir de ce mot, comprendrait la physiologie végétale tout entière, la physiologie organique pour tout ce qui a rapport à l'hygiène des animaux; elle emprunterait à la chimie les théories relatives à la composition du sol, aux amendements, aux engrais; à la mécanique les lois des forces pour l'emploi des machines; aux sciences morales et politiques tout ce qui concerne l'appropriation et la transmission du sol, le crédit, l'impôt, etc., etc. On le voit par cette incomplète énumération, l'enseignement agricole serait l'exposition de la plus grande partie des connaissances humaines.

Ainsi entendu, il devient assez embarrassant, et l'on comprend jusqu'à un certain point qu'arrivé là l'on ait eu l'idée de le demander à la science du gouvernement. Nous n'avons point à examiner ici, en principe, s'il est du devoir de l'État de tenir école ouverte pour toutes les industries. Il faut, à notre avis, distinguer soigneusement la science des applications si variées et si diverses que l'on peut en faire aux arts industriels. L'on peut soutenir que l'État ne devrait rien enseigner, ou bien prétendre qu'il devrait se borner à enseigner les immuables principes des sciences exactes. Mais comme les applications de la science à l'agriculture n'ont point, jusqu'à présent, amené les résultats rigoureux obtenus dans d'autres industries, l'État ne pouvant, dans la position actuelle, enseigner que des conjectures, recommander que des pratiques douteuses sans en garantir le succès, il semble de son devoir de complétement s'abstenir.

En fait, l'utilité de l'école industrielle dirigée par l'État peut être affirmée : en France et dans d'autres pays, des institutions de ce genre ont rendu des services. Mais l'on se tromperait étrangement si l'on en concluait que l'école agricole est aussi facile à établir et doit produire des résultats aussi avantageux pour la société. En agriculture, la matière mise en œuvre n'est nulle part identique à elle-même. Le fer, au contraire, est partout le fer : l'ouvrier mécanicien le retrouve partout ; il porte partout avec lui son habileté à le travailler. L'ouvrier agricole se trouve ignorant devant une terre nouvelle, qui diffère quelquefois fort peu de celle qu'il cultivait ; toutes ses connaissances acquises lui font défaut en présence des innombrables modifications de ce merveilleux et incompréhensible instrument de production. On a, à la vérité, classé les terrains par catégories : on distingue les calcaires des argileux ; on enseigne que la marne convient à tel sol, que tel autre réclame du plâtre. Par malheur, ces principes sont presque toujours présentés comme définitivement acquis à la science et devant donner un résultat certain : le jeune homme qui sort de l'école avec une entière confiance dans leur infaillibilité n'hésite point à en faire en grand l'application, et trop souvent, pour une cause ou pour une autre, le résultat est désastreux. Quant aux difficultés d'établissement inhérentes à la nature même de l'atelier agricole, elles ne peuvent être comparées à celles que présente la fondation d'une école industrielle. Pour enseigner les différents emplois de la chimie à la teinture des étoffes, par exemple, il suffit d'un certain nombre de flacons bouchés à l'émeri et de quelques appareils ; pour démontrer les applications de la chimie à l'agriculture, il faut une grande superficie de terrain, un matériel considérable, enfin une ferme tout entière. D'autres difficultés résultent de la longue durée des expériences en agriculture. Pour suivre notre comparaison, le professeur de chimie industrielle montrera en quelques instants l'effet de tel réactif ; il pourra au bout de quelques jours présenter à ses élèves la pièce qui aura été plongée dans un bain de composition nouvelle. Il faudra plus d'un an au professeur de chimie agricole pour qu'il puisse savoir lui-même le résultat de l'emploi de tel ou tel engrais ; il lui faudra une seconde année pour savoir si la matière qu'il a répandue sur la terre l'a améliorée pour quelques années, ou si elle n'a agi que comme stimulant donnant seulement une bonne récolte pour laisser la terre plus pauvre qu'auparavant.

La démonstration des moyens à employer pour perfectionner les différentes espèces d'animaux est encore plus longue ; il faut plusieurs années avant que l'on puisse apprécier les résultats des croisements entre les races. On le voit, l'assimilation entre les écoles industrielles et les écoles agricoles, quant aux moyens, est impossible. Elle est aussi impossible quant aux résultats ; car si les premières ont hâté les progrès de l'industrie, l'on ne peut en dire autant des secondes, lorsque l'on voit que les pays où l'agriculture est le plus avancée sont précisément ceux où il n'en existe pas, et que dans d'autres elles sont si récentes, qu'elles ne peuvent être pour rien dans les progrès de leur agriculture.

L'Angleterre est le pays que l'on cite toujours lorsqu'il s'agit de succès obtenus sans l'intervention du gouvernement. L'agriculture anglaise est la première du monde ; toutes ses races d'animaux domestiques sont arrivées à un haut degré de perfection. Cependant, d'après une publication officielle émanée du ministère de l'agriculture et du commerce [1], et dans laquelle se trouvent tous les renseignements qui vont suivre sur la situation de l'enseignement agricole dans tous les États de l'Europe, il n'y a pas en Angleterre une seule école d'agriculture dirigée par les soins et aux frais de l'État. L'aristocratie seule a tout fait pour l'amélioration du sol dont la loi des successions

[1] *Compte-rendu de l'exécution du décret du 3 octobre 1848, relatif à l'enseignement professionnel de l'agriculture.* Paris, imprimerie nationale, janvier 1850, 1 vol. in-4 de 673 pages.

lui assure à jamais la propriété. Le gouvernement, fidèle à son principe, s'est presque toujours abstenu. Mais l'aristocratie a surtout agi, en fondant des associations qui donnaient aux fermiers des primes considérables en argent, en établissant des concours, des marchés et des fêtes agricoles, en répandant des publications et des brochures, mais rarement par l'enseignement proprement dit. L'établissement le plus important, et le seul sur lequel le compte rendu officiel donne quelques détails, est l'institut agronomique de Cirencester. Il a été fondé en 1845 seulement aux frais d'une société d'actionnaires, et placé sous le patronage du prince Albert. C'est une maison d'éducation ordinaire en même temps qu'une école d'agriculture. Son enseignement agricole est tout à la fois théorique et pratique. Les cours durent une année, et sont faits par quatre professeurs. La ferme contient environ deux cents hectares de terre partagés en quatre séries, ayant chacune un assolement particulier.

La Hollande et la Belgique suivent de très près l'Angleterre sous le rapport des progrès agricoles. Le sol de la Hollande a été conquis sur les eaux : il est conservé par un admirable système de digues et de canaux. Il est cultivé principalement en prairies naturelles; il produit aussi en abondance le blé, le lin, le tabac, etc. Cependant l'on ne cite point en Hollande une seule école d'agriculture. La Belgique, où la culture est aussi perfectionnée qu'en Hollande, n'avait naguère encore qu'un enseignement agricole privé ou communal fort restreint. Ce n'est qu'en 1849 que le gouvernement belge a fondé d'un seul coup huit fermes-écoles. Là encore, évidemment, la leçon s'adresse à des maîtres qui auront le plaisir d'entendre professer à leurs frais les principes appliqués par eux depuis longtemps, ou les théories condamnées par leur propre expérience.

Les différents cantons de la Suisse ont repoussé à toutes les époques l'idée de consacrer une partie de leurs revenus à l'enseignement de l'agriculture. Il n'a jamais existé dans toute la confédération qu'une seule ferme-école, l'établissement d'Hofwyl, fondé par M. de Fellenberg, à trois lieues de Berne. Il n'entretenait qu'un petit nombre d'élèves, qui étaient de plus presque tous étrangers. Lorsqu'il y a quelques années M. de Fellenberg proposa de le céder pour en faire l'école officielle du canton, le grand conseil de Berne ne crut pas devoir accepter ses offres. Après sa mort, elle déclina immédiatement, et finit bientôt par succomber. Cela prouve que l'engouement pour les fermes-écoles n'est pas si grand en Suisse que dans certains pays, ce qui n'a point cependant retardé les progrès de l'agriculture, car elle est aussi avancée qu'elle peut l'être, eu égard à la configuration du sol.

Les gouvernements de Lombardie et de Sardaigne, qui possèdent des contrées si admirablement cultivées, n'y ont point établi d'écoles d'agriculture. A Pise, en Toscane, un grand établissement a été fondé depuis 1842 par l'université : on y enseigne les mathématiques, la physique, la botanique, la chimie, la géologie, etc., etc. C'est une académie, une faculté des sciences ; ce n'est point une école professionnelle d'agriculture.

L'Allemagne est la terre classique des professeurs, et, depuis quelques années, les professeurs d'agriculture y sont plus nombreux que tous les autres. Tous les États en ont, les grands et les petits.

En Prusse, l'instruction agricole officielle est divisée en deux degrés, sans compter les écoles intermédiaires. L'enseignement supérieur est donné dans les *instituts royaux* ou *académies royales d'agriculture;* l'enseignement inférieur, donné dans des fermes, consiste uniquement dans l'apprentissage des travaux manuels. Ces établissements sont ordinairement subventionnés par l'État et exploités par leurs propriétaires ou fermiers. Le plus fameux de tous les instituts royaux est celui de Mœglin. Fondé en 1806 par Thaer, dirigé actuellement par son fils, il doit sa réputation et ses succès à la science de ses directeurs. Des instituts analogues ont été établis : en 1842 à Regenwalde en Poméranie, en 1847 à Proskau en Silésie, en 1848 à Poppelsdorf près Bonn, dans la Prusse Rhénane. L'Académie royale d'Eldena en Poméranie a été fondée en 1837, sur une propriété de l'université de Greifswalde et à ses frais. On y enseigne non-seulement l'agriculture, mais encore toutes les sciences qui, en Allemagne, portent le nom de *camérales*. Le programme des cours, le plus complet que l'on puisse trouver, comprend en première ligne l'économie politique, puis les finances, la police rurale, le droit constitutionnel de Prusse, etc. Les élèves sont externes, ils payent des droits universitaires, et le temps qu'ils passent à l'académie leur compte pour le stage. L'obligation de passer des examens, sans parler du certificat d'études classiques qui est exigé, rendant l'accès de ces instituts assez difficile, il s'est établi deux écoles préparatoires qui n'ont pas tardé à obtenir des subventions de l'État. L'enseignement du second degré ne date que de 1846 ; dans le courant de cette année, le gouvernement prussien a fondé douze fermes-écoles qui sont dirigées et exploitées par leurs propriétaires ou fermiers, et reçoivent des subventions de l'État. Ces écoles sont uniquement destinées à former les manœuvres de l'agriculture. Enfin il y a plusieurs écoles spéciales où l'on enseigne la pratique des irrigations, la culture du lin, le soin des troupeaux.

Les écoles d'agriculture du royaume de Wurtemberg sont établies sur les domaines appartenant à l'État et exploités pour son propre compte. L'institut royal et forestier de Hohenheim a été fondé en 1818, sur une propriété de l'État de la contenance de 2,330 hectares de terre et de bois. L'exploitation est abandonnée au directeur, sous la seule obligation de rendre compte des dépenses et des recettes au ministre de l'intérieur ; le déficit est comblé par l'État. Les élèves payent une pension. Le programme des cours est très étendu. Les élèves qui le désirent reçoivent un enseignement moins scientifique. Dans ce cas ils ne payent rien et touchent même un salaire pour leur travail. Une école d'horticulture, une école d'irrigation, une école de culture et de préparation du lin, enfin un atelier pour la fabrication des instruments aratoires sont annexés à cet établissement, qui se trouve ainsi réunir tout à la fois l'enseignement de la science et celui de la pratique agricole. Deux autres écoles d'un degré inférieur ont été ouvertes en 1843 à Ellvangen et à Ochsenhausen. L'agriculture pratique est enseignée dans ces établissements.

C'est à Schleissheim, à trois lieues de Munich, qu'est située l'école centrale d'agriculture de la Bavière. La ferme fait partie du domaine national et est exploitée aux frais de l'État. Les élèves reçoivent dans cette école les deux degrés d'enseignement. Une autre école, située près de Nuremberg, est soutenue par des actionnaires et les secours accordés par les communes, le roi et le gouvernement. Il n'existe point en Bavière de fermes-écoles proprement dites.

Pendant les années 1847 et 1848, un nombre considérable d'écoles pratiques pour la culture du lin a été fondé en Autriche. Les villes de Krummau et de Cracovie ont chacune un institut agronomique. Il est en outre quelques fermes et d'autres établissements où l'on professe l'agriculture. Mais il n'y a pas de centralisation et d'unité dans le système d'enseignement.

Chaque petit État de l'Allemagne a voulu avoir une école d'agriculture. Elles sont fondées par des associations quelquefois subventionnées, mais elles tombent rarement tout à fait à la charge du gouvernement.

La Russie elle-même a subi l'impulsion extraordinaire qui poussait en même temps tous les gouvernements à répandre des écoles d'agriculture sur tous les points de leurs territoires. Depuis 1845, six fermes-écoles et cinquante fermes-modèles ont été établies. L'institut agricole de Gorigoretz est la faculté agricole et le grand centre de l'enseignement. D'autres établissements, tous entretenus par l'État, ont été créées à différentes époques.

En France, comme en Angleterre, les classes élevées ont toujours été à la tête du mouvement agricole. Les moyens qu'elles employèrent furent longtemps plus théoriques que pratiques; ils consistèrent principalement dans la fondation de sociétés, dans la mise au concours de questions relatives à l'agriculture, dans la publication de mémoires et de comptes rendus d'expériences, enfin, mais beaucoup plus tard, dans l'introduction de nouvelles races d'animaux. Ce n'est qu'à l'année 1822 seulement, il y a juste trente ans, que remonte l'origine de l'enseignement agricole, et c'est au nom de Mathieu de Dombasle que se rapporte l'établissement de la première ferme dans laquelle on ait enseigné à des élèves la pratique de l'agriculture. Au moyen d'une souscription volontaire, pour laquelle il éprouva les plus grandes difficultés, il parvint à établir à Roville, dans le département de la Meurthe, une ferme à laquelle il donna le nom de *ferme-exemplaire*. Mais tout en épuisant ses propres ressources et les fonds de ses actionnaires, il ne put la soutenir et allait succomber lorsque le gouvernement vint enfin à son secours. A partir de 1831 les subventions ministérielles, créations de bourses, achats d'instruments perfectionnés, ne fournirent à la direction que le moyen d'atteindre péniblement le terme des engagements qu'elle avait contractés. Mathieu de Dombasle ne survécut lui-même qu'un an (1843) à la ruine de l'établissement dans l'existence duquel il avait, pour ainsi dire, identifié sa propre existence. L'histoire de Roville doit rester comme une leçon. A nos yeux, elle démontre, une fois pour toutes, l'impossibilité de diriger avec profit une exploitation dans laquelle on donne soi-même l'enseignement agricole. Rarement la science du professeur se trouve réunie dans le même homme avec les aptitudes diverses indispensables pour faire la fortune de l'industriel. L'un fait tort à l'autre, et si l'entreprise va mal on ne sait à qui s'en prendre, du cultivateur ou du savant. Et le plus grand malheur, c'est que l'on affaiblit ainsi l'autorité de l'enseignement. Quand Mathieu de Dombasle y a succombé, tout le monde peut renoncer à cette ambition. Les services qu'il a rendus à l'agriculture sont immenses, incontestables; la publication de ses *Annales*, la fabrication de ses instruments perfectionnés lui ont donné une puissante impulsion. Mais il est permis de se demander si, sans se faire entrepreneur d'industrie, il ne lui aurait point été possible de rendre à la société les mêmes services, par la publication de ses ouvrages, par exemple, ou par des cours, ou par des tournées agricoles, sorte de professorat nomade qui, exercé par un homme de cette valeur, ne pouvait avoir que les meilleurs résultats.

Cependant l'établissement de Roville ne tarda pas à trouver des imitateurs. La ferme de Grignon, fut fondée en 1827. Placée, dès le principe, dans de bien meilleures conditions, elle passa à peu près par les mêmes vicissitudes. Elle recevait de la munificence royale un magnifique domaine situé à peu de distance de Paris, moyennant un faible fermage qu'elle devait payer en améliorations. L'énorme fonds social fourni par ses actionnaires n'avait donc pas d'autre emploi que l'établissement de l'exploitation et celui de l'enseignement. Malgré tous ces avantages l'école était loin de remplir le but que s'étaient proposé ses fondateurs. Soit que la demande de l'enseignement que l'on y donnait fût fort restreinte, les élèves étaient peu nombreux. Alors on était obligé d'une part à demander une pension très élevée, d'autre part à ne point augmenter le nombre des professeurs et celui des cours, nouveaux arrangements qui éloignaient encore plus les élèves. La position s'empirait tous les jours : les actionnaires, dont le capital demeure compromis, ne voulaient plus entendre parler de cette affaire. Grignon allait éprouver le même sort que Roville lorsque l'État le sauva. Des allocations annuelles furent votées : elles s'élevèrent successivement jusqu'au chiffre énorme de 60,000 fr. que l'institution a reçus pendant douze ans. Comme établissement privé, cette seconde expérience n'a donc pas mieux réussi que la première. Comme école privée subventionnée par l'État, elle a été l'occasion de difficultés qui ont probablement décidé à placer sous la dépendance absolue de l'administration les établissements analogues institués par le décret de 1848. L'exploitation du domaine et la direction de l'enseignement appartenant aux fondateurs étaient confiés à un administrateur, sans que l'État eût à exercer aucun contrôle. Mais à mesure que les allocations de l'État devinrent plus considérables, ses prétentions sur la direction de l'école et de la ferme s'accrurent en proportion. Des modifications furent demandées aux statuts, des conflits s'élevèrent et les progrès de l'enseignement en souffrirent. Depuis le décret, le directeur de la société dirige l'exploitation pour le compte de la société et l'enseignement pour le compte de l'État.

En 1830, trois ans après la fondation de Grignon, avait lieu la création de la ferme de Grand-Jouan près de Nantes, aux frais d'une société d'actionnaires, comme les précédentes. Dès 1833 elle obtenait des secours du conseil général, et en 1842 un arrêté ministériel l'érigeait en institut agricole. Malgré les subventions fort considérables qui lui furent successivement accordées depuis lors, cet établissement allait succomber lorsqu'en exécution du décret de 1848 le gouvernement le transforma en école régionale.

L'établissement de la Saussaie, près de Lyon, avait été fondé, en 1840, par un propriétaire avec ses seules ressources. D'abord exclusivement occupé du desséchement d'une vaste étendue de terrains couverte périodiquement par les eaux, le directeur réunit ensuite quelques élèves et obtint bientôt des allocations du département et de l'État. Cet établissement allait suivre le sort de ses aînés, lorsque le gouvernement l'a sauvé comme eux en en faisant une école régionale.

Des fermes-écoles, où l'enseignement est plus

pratique, avaient été établies à différentes époques, mais en très petit nombre; elles recevaient des subventions de l'État. Depuis 1837 il ne s'en fondait à peu près qu'une chaque année. On n'en comptait que neuf au commencement de 1847; mais dix furent instituées dans le courant de cette année, et six pendant les six premiers mois de 1848, ce qui en portait le nombre à vingt-cinq.

Ainsi trois instituts agricoles, Grignon, Grand-Jouan et la Saussaie et vingt-cinq fermes-écoles, les unes et les autres dirigées et exploitées par leurs propriétaires ou fermiers, avec des subventions de l'État, telle était la situation de l'enseignement agricole en France, lorsque intervint le décret du 3 octobre 1848. Il est une remarque qui n'aura pas échappé au lecteur et que nous avons faite à la lecture du compte rendu dont nous ne faisons ici que donner l'analyse. Malgré les subventions de l'État, la question financière avait frappé de mort tous les instituts agricoles. A cet égard on trouve dans la publication officielle les aveux les plus complets; l'historique de chaque établissement est régulièrement terminé par cette phrase ou une phrase analogue : « Par suite des embarras que le directeur rencontrait dans son exploitation agricole, l'existence de l'institut était sérieusement menacée, lorsque l'exécution de la loi de 1848 est venue sauver les fruits des sacrifices faits par l'État, en transformant cet établissement en école régionale. » Il est bien démontré, en effet, que l'industrie privée, soutenue cependant par les subventions plus ou moins fortes de l'État, n'était parvenue à rien fonder de stable. Il s'agit de savoir si l'intervention exclusive de l'État, subordonnée à la discussion des moyens, à l'examen des résultats, au vote annuel des crédits, pourra mieux y parvenir.

Par le décret du 3 octobre 1848, l'enseignement professionnel de l'agriculture est divisé en trois degrés. Au premier degré sont les fermes-écoles ; au deuxième, les écoles régionales ; au troisième, l'institut national agronomique. « La *ferme-école* est une exploitation rurale conduite avec habileté et profit et dans laquelle des apprentis, choisis parmi les travailleurs et admis à titre gratuit, exécutent tous les travaux, recevant, en même temps qu'une rémunération de leur travail, un enseignement agricole essentiellement pratique. » (Art. 3.) Elle est dirigée par le propriétaire ou le fermier, à ses risques et périls. Les traitements du directeur et du personnel enseignant, la pension des élèves et les primes qui leur sont accordées, sont payés par l'État. Il en sera établi une, d'abord dans chaque département, plus tard dans chaque arrondissement. La France sera divisée en régions *culturales*. Dans chaque région il y aura une école régionale. L'*école régionale* est une exploitation en même temps *expérimentale* et *modèle*. (Art. 7.) Les élèves qui y sont admis sont ou boursiers ou payant pension. Un institut agronomique ou école normale supérieure d'agriculture sera établi sur le domaine de Versailles. Il est aussi *expérimental*. L'État y entretient quarante boursiers : les cours sont gratuits et publics. Les écoles régionales et l'institut de Versailles doivent être administrés en régie pour le compte de l'État.

Telles sont les principales dispositions de ce décret, dont la plus importante, après la création de Versailles, est celle qui modifie la position des écoles régionales, Grignon, Grand-Jouan, etc. Leur avenir, jusqu'alors subordonné au sort de la direction elle-même, ce qui était quelque chose, va maintenant être mis en question tous les ans lors de la discussion du budget, et avec l'incertitude qui règne dans les esprits sur l'utilité des institutions de ce genre, on ne peut pas dire que cet avenir en soit plus assuré. Le décret dispose qu'elles seront à la fois *expérimentales* et *modèles*. Ceci est-il possible dans la pratique? Ces deux buts opposés peuvent-ils jamais être atteints l'un et l'autre? Ces deux ordres d'idées ne se feront-ils point continuellement la guerre? L'expérimentation c'est l'investigation de la science, c'est la recherche de l'inconnu, c'est la fortune peut-être, c'est peut-être aussi la ruine. Le modèle, au contraire, c'est le trésor des connaissances acquises à travers les âges, c'est le fait sur lequel on peut compter, qui devient la pratique sans être pour cela la routine; c'est, enfin, de toutes les exploitations placées dans les mêmes conditions, celle qui produit le plus fort revenu. Or, il est impossible que l'agriculture de l'État en arrive jamais là. L'exercice de l'industrie ne peut devenir une fonction. L'industrie est une arène où l'on ne peut s'engager que stimulé par l'intérêt privé et par l'aiguillon de la concurrence; la société tire aussi son profit des succès de celui qui est arrivé le premier. On aura beau la surveiller, redoubler de sollicitude, l'agriculture officielle doit, par la force des choses et sans que l'on puisse s'en prendre à personne, finir par n'offrir que des exemples de négligence et d'abus de toute sorte. Ne mentionnons que pour mémoire les exigences de la bureaucratie et les rigueurs de la comptabilité administrative qui, dans l'état actuel des choses, mettent le directeur de l'exploitation dans l'impossibilité d'acheter ou de vendre au moment opportun, et entravent tous ses mouvements. Ces difficultés ne sont point tellement inhérentes à la nature de l'institution qu'on ne puisse les faire disparaître, mais il en est que rien ne pourrait aplanir. On a eu raison à une certaine époque de renoncer à faire de l'industrie officielle en exploitant aux frais de l'État les principaux établissements manufacturiers. Comment n'a-t-on point aussi franchement renoncé à faire de l'agriculture officielle? Si l'exploitation par l'État de toutes les industries est impossible, on ne peut admettre d'exception pour l'industrie agricole, la logique comme les faits s'y opposent.

Les fermes-modèles étant impossibles, restent les fermes simplement expérimentales dans lesquelles on peut admettre des élèves et sur lesquelles nous reviendrons, et les fermes-écoles. Dans le système du décret les fermes-écoles ne sont point exploitées pour le compte de l'État, mais par leurs fermiers ou propriétaires auxquels elles doivent donner du *profit*. Ici reparaît encore la prétention de fonder des fermes-modèles. Lors de la discussion il a été dit par le ministre qu'aussitôt que la ferme-école ne ferait plus de profits l'État ferait choix d'une autre. Si l'État s'en apercevait toutes les fois que cela devra arriver, l'enseignement deviendrait encore plus nomade qu'il n'est. L'on se plaint déjà, avec raison, qu'il le soit trop; en effet, depuis la fin de 1848 jusqu'en août 1850, neuf fermes-écoles ont cessé d'exister ou ont été transportées ailleurs. Mais, dans l'exécution, comment saura-t-on qu'une ferme, exploitée par son propriétaire, ne fait plus de profits? M. Luneau a parfaitement démontré qu'une ferme-école de cent hectares rapporterait 10,000 fr. à son propriétaire sans que le produit de la terre y entrât pour un sou. Avec un pareil fermage assuré les plus maigres récoltes suffiront pour le constituer en profit, et il se gardera bien de courir la chance de perdre un aussi fructueux monopole. Le législateur a été préoccupé de l'idée vraie que la ferme qui n'enrichit pas son exploitant est une mauvaise école d'agriculture, et il n'a pas vu que l'intervention de l'État, soit qu'il exploite ou qu'il ne fasse que subventionner, est exclusive de tout profit.

Les circonstances favorisèrent l'exécution du décret. Les fermes-écoles surgirent de tous côtés. La situation générale des affaires, plus peut-être que les véritables besoins de l'agriculture, en fut cause. Tous les propriétaires embarrassés par suite de la baisse inopinée des produits agricoles auraient été trop heureux de faire accepter leurs exploitations comme des fermes-écoles. L'administration n'eut que l'embarras du choix. Soixante-dix fermes-écoles sont maintenant en exercice. Elles renfermaient 1135 apprentis en 1850. Parmi les départements où il n'en a point été fondé se trouvent ceux où la culture est la plus florissante, les départements d'Eure-et-Loir, de Seine-et-Marne, de la Seine-Inférieure, de la Marne, etc. Les trois établissements de Grignon, Grand-Jouan et la Saussaie ont été transformés en écoles régionales; une quatrième a été établie à Saint-Angeau, dans le département du Cantal. Enfin l'enseignement de l'institut agronomique de Versailles a été constitué. Il est réparti entre dix chaires qui, à l'exception des deux chaires de chimie, ont été données au concours, et qui sont :

1° Physique terrestre et météorologie;
2° Botanique et physiologie végétale;
3° Zoologie appliquée à l'agriculture;
4° Génie rural;
5° Chimie générale;
6° Chimie appliquée à l'agriculture;
7° Agriculture;
8° Zootechnie ou économie du bétail;
9° Sylviculture;
10° Économie et législation rurales.

Un champ de 26 hectares est tout spécialement consacré au service de l'enseignement.

Des laboratoires de chimie, des bibliothèques, des instruments perfectionnés vont être livrés aux élèves [1]. Ainsi constitué, l'enseignement de cette faculté agricole ne le cède en rien à celui qui est donné dans les écoles les plus renommées de l'Europe.

[1] Le programme de l'examen d'admission est le même que celui du baccalauréat ès sciences physiques

Les élèves sont externes : les bourses fondées par le décret constitutif sont remplacées par une indemnité de 1,000 fr.; elles sont données au concours[1]. Quant à l'exploitation, elle a subi le sort auquel est condamnée par la force des choses toute exploitation administrative, et dans des proportions désastreuses. Il résulte du compte rendu publié par le ministère de l'agriculture et du commerce, pour l'année 1850, que la dépense réelle de l'établissement, défalcation faite de la valeur de la récolte de l'année, a été de 281,600 fr. Si l'on retranche de cette somme 66,000 fr. employés au service de l'enseignement, 44,800 fr. pour construction et appropriation de bâtiments, 34,800 fr. pour achat de bétail, enfin 8,600 fr. pour achat de mobilier, toutes dépenses de premier établissement, il reste encore un déficit de 127,400 fr., qui incombe tout entier au compte de l'exploitation officielle. Ce résultat, prévu par tous ceux qui connaissent l'agriculture, ne doit cependant pas faire condamner sans appel l'exploitation de Versailles. L'établissement de l'enseignement se justifie par le désir fort honorable de la part de l'État de faire pour l'agriculture ce qu'il a fait pour les autres arts industriels, en fondant une faculté, une sorte de conservatoire agricole. L'établissement des cultures, pourvu qu'on ait le soin de lui laisser un caractère exclusivement expérimental, est suffisamment justifié par les services qu'il ne peut manquer de rendre tôt ou

[1] Le nombre des élèves en 1850 était de 47, sans compter les auditeurs libres.

tard. On a dit, à l'occasion de l'entretien d'un établissement beaucoup plus onéreux pour les finances de l'État, que la France était assez riche pour avoir une loge à l'Opéra. On peut non-seulement dire qu'elle est assez riche pour faire des expériences en agriculture, mais encore soutenir qu'il est de son devoir de le faire. « Si c'est le public qui, définitivement, doit faire son profit des plus heureuses découvertes, a dit J.-B. Say[1], il est permis de croire que ce n'est pas une injustice que de lui faire supporter dans l'occasion les frais des tentatives hasardeuses au moyen desquelles on est obligé de les acheter. C'est-à-dire qu'il n'est pas contraire à l'équité naturelle que ce soit le gouvernement administrateur de la fortune publique qui les paye. Tout ce dont le public serait en droit de se plaindre serait que cette branche de l'administration fût confiée à des hommes trop peu éclairés pour apprécier l'importance d'une découverte ou l'ineptie d'un moyen préparé, ce qui livrerait constamment le public à des dépenses sans objet, à une perte purement gratuite.

« Ce n'est donc point ici le cas d'opposer cette maxime, que le gouvernement ne peut pas se mêler avantageusement de la production. Dans les essais, il ne s'agit pas de produits proprement dits, il s'agit de multiplier seulement les moyens de produire, de répandre l'instruction, qui est peut-être le plus puissant de tous. »

Le malheur pour l'agriculture est que dans tous

[1] *Cours complet d'économie politique pratique*, t. II, p. 346, édit. Guillaumin.

les temps, et jusqu'au décret de 1848 inclusivement, on n'a jamais voulu faire de distinction entre la production de l'instruction et la production de la richesse. Une fois que l'on sera bien d'accord sur ce point que l'exploitation de l'État, au point de vue de la production de la richesse, n'est point un modèle à suivre; une fois que les agriculteurs seront prémunis contre l'infaillibilité que l'ignorance du plus grand nombre attribue à tort à l'État, et le développement des lumières suffira seul à détruire ce préjugé, rien ne s'opposera à ce que l'État poursuive sur ses propres domaines et à ses propres frais des expériences qui devront profiter à tout le monde; rien ne s'opposera à ce que ces tentatives aient lieu sous les yeux de jeunes gens admis à titre d'élèves dans ces établissements d'expérience. Dans ce rôle l'État peut rendre des services que personne ne pourrait rendre. Il peut renouveler indéfiniment des essais que l'investigateur privé finirait par abandonner, faute de ressource ou de persévérance. Il peut circonscrire ses recherches au moyen de savants spéciaux et poursuivre au-delà même de l'existence d'un homme la découverte des applications de toutes les sciences à l'agriculture.

Duhamel du Monceau, dans son *École d'agriculture*, publiée en 1759 sans nom d'auteur, demandait déjà l'établissement de sociétés d'agriculture et de fermes qui auraient été placées sous leur surveillance dans chaque généralité, et qu'on aurait pu appeler *Écoles d'agriculture*. Ce qu'il y a de remarquable, c'est qu'il signale avec une rare perspicacité et une inflexible rigueur les difficultés qui, selon lui, peuvent s'opposer à la réussite d'établissements de ce genre. « Un article qu'on croit très essentiel, dit-il, c'est le choix de la personne à qui l'administration de l'école d'agriculture serait confiée. Il est sans doute inutile de dire que la sollicitation et la faveur ne devraient influer en rien dans ce choix. Si on jette les yeux sur toutes les choses qu'on croit mal administrées, on verra que le désordre n'aura point d'autre cause que la vigilance des préposés à ramener tout à leur propre intérêt, et la négligence ou même l'oubli total de l'objet qui leur est confié. Dans l'établissement dont il s'agit, il vaudrait beaucoup mieux ne rien faire que de mal faire. » Aussi finit-il par réduire lui-même l'exécution de tout le système exposé dans son livre à la recherche d'un agriculteur du voisinage qui, moyennant une faible rétribution, prêterait ses terrains à la société d'agriculture pour les expériences qu'elle jugerait à propos de faire.

Le parti le plus sage aurait peut-être été de s'en tenir là. Ce que demandait Duhamel du Monceau en 1759 a été fait en France depuis longtemps avec un succès qui a dépassé toutes les espérances. Des sociétés d'agriculture ont été fondées : les grands propriétaires ont prêté leurs terrains pour des expériences, les résultats ont été publiés. La facilité des communications a établi des rapports plus fréquents entre les agriculteurs, entre les campagnes et les villes ; les efforts des comices ont plus fait dans quelques années qu'il n'avait été fait par l'État lui-même depuis plus d'un siècle. Tous ces moyens réunis ont amené l'agriculture au point où on la voit aujourd'hui. Dans l'état des choses, on a donc peine à s'expliquer la fondation d'un enseignement aussi complet que celui qui est constitué par le décret de 1848, et l'on ne peut guère dire, pour se servir d'une expression reçue, que le besoin s'en faisait généralement sentir. Il a été donné à l'agriculture, en compensation, des *protections* accordées à l'industrie manufacturière. Il est dû à un engouement pour les méthodes agricoles de l'Allemagne, d'où il a été rapporté de toutes pièces par les personnes chargées d'étudier dans ce pays les institutions de crédit, et tout ce qui avait rapport à l'agriculture. Il a été une des formes qu'a revêtues la réaction un peu violente qui se fait contre l'enseignement classique et les professions libérales. Il a été enfin le résultat de la disposition que l'on a de nos jours à tout ramener au même régime, à mettre sur le même pied tous les ordres de travaux que comprend la société. L'agriculture n'est point une industrie comme une autre, et son enseignement professionnel pouvait être difficilement constitué comme celui des autres industries. Avec les énormes proportions données par le législateur à son enseignement, si le décret recevait son entière exécution, le nombre des élèves qui sortiraient annuellement de ses écoles serait imperceptible en comparaison du chiffre de 25 millions d'individus qui, sur 35 millions dont se compose la population de la France, sont occupés aux travaux de l'agriculture.

L'enseignement professionnel de l'État ne sera donc accessible qu'au plus petit nombre. Mais il est un autre enseignement qu'il s'agit de fonder, et c'est le seul que puisse, en fait, recevoir l'immense majorité des agriculteurs. C'est à l'instruction primaire qu'il appartient de le donner. Dans certaines contrées reculées, le petit cultivateur ne s'inquiétera pas des expériences faites dans la ferme du gouvernement, ne serait-elle qu'à quelques lieues de son village ; il n'aura jamais l'idée d'y placer son fils, peut-être même de la visiter ; il se refusera obstinément à toute innovation et n'admettra pas que l'on puisse faire autrement et surtout mieux que ce qu'il a toujours fait. Mais s'il arrive dans ce village un homme qui apprenne à lire aux enfants dans des livres élémentaires d'agriculture ; si son diplôme prouve qu'il a acquis certaines connaissances agricoles ; s'il sait discerner ce qu'il faut appliquer à la contrée dans laquelle il se trouve placé ; s'il aime l'agriculture et la fait aimer ; si, enfin, d'accord avec l'éducation de la famille, il développe en même temps les qualités morales indispensables pour réussir dans l'exercice de tous les arts, l'enseignement donné par cet homme sera le meilleur de tous et le plus fécond en heureux résultats. Le décret voté par l'assemblée de 1848 ne s'est point occupé de cet enseignement, dont l'immense avantage est d'être donné sur place et de se transformer à l'infini selon les besoins des localités. On en a pressenti l'utilité cependant, et un membre allait même au delà de ce qu'il y aurait à faire sous ce rapport lorsqu'il exprimait le vœu qu'il pût être établi une ferme-école dans toutes les communes. Ceci n'est qu'une utopie qui ne peut faire qu'honneur à son auteur, car pour l'exécution d'un pareil système il faudrait des centaines de millions. Mais ce qui est possible, ce qui est désirable, c'est que l'instituteur fixé sur le sol et en connaissant la nature, habitué à étudier, à observer et à réfléchir, donne des notions pratiques, de prudentes indications qui produiront, s'il est intelligent, les meilleurs résultats. Ce qui est désirable, c'est que le jeune homme qui se destine à l'enseignement du peuple reçoive dans les écoles du gouvernement ces principes généraux acquis par l'expérience, ces notions élémentaires devenues la base et, pour ainsi dire, tout le bon sens de l'agriculture pratique.

Toutes les facilités se réunissent pour l'exécution de cette idée. L'objection si grave de la dépense qui suffirait, selon nous, à faire rejeter les fermes-écoles et même les fermes expérimentales au delà d'un certain nombre, n'existe pas. L'État entretient dans chaque département une école normale destinée à former des instituteurs primaires. Il ne s'agit que d'y établir un cours d'agriculture pratique : ce cours serait fait soit par l'un des professeurs de l'école, soit par n'importe qui; confié à un homme consciencieux et intelligent, il ne tarderait point à remplir parfaitement son but. L'administration devrait exiger que des notions d'agriculture fussent données dans toutes les écoles communales : les comités locaux devraient y veiller. Au reste, plusieurs instituteurs sont entrés spontanément dans cette voie, soutenus par les encouragements des comices agricoles. Ils se sont fait des programmes et ont donné aux enfants des leçons. D'autres sont allés plus loin et ont ouvert dans les soirées d'hiver des cours pour les adultes et des conférences le dimanche. Il est à désirer que l'on seconde ce mouvement salutaire. L'instituteur des campagnes est le seul et le meilleur professeur d'agriculture que l'on puisse donner aux classes agricoles.

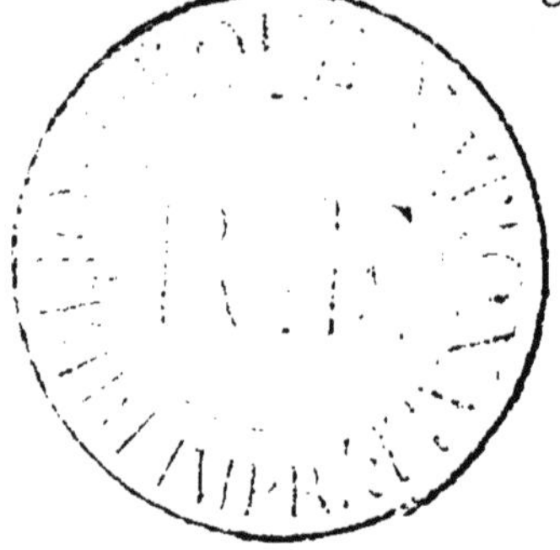

JULES DE VROIL.

FIN.

Imprimerie de G. GRATIOT, 11, rue de la Monnaie.

www.ingramcontent.com/pod-product-compliance
Ingram Content Group UK Ltd.
Pitfield, Milton Keynes, MK11 3LW, UK
UKHW020218180726
13838UKWH00005B/2076

9 782329 412283